上海市工程建设规范

多层住宅平屋面改坡屋面工程技术标准

Specification for roof renovation in multistory residence

DG/TJ 08—023—2022
J 10817—2022

主编单位：上海市住宅修缮工程质量事务中心
　　　　　上海市房地产科学研究院
批准部门：上海市住房和城乡建设管理委员会
施行日期：2022 年 7 月 1 日

同济大学出版社

2023　上海

图书在版编目(CIP)数据

多层住宅平屋面改坡屋面工程技术标准 / 上海市住宅修缮工程质量事务中心,上海市房地产科学研究院主编. —上海:同济大学出版社,2023.3
 ISBN 978-7-5765-0804-8

Ⅰ.①多… Ⅱ.①上… ②上… Ⅲ.①多层建筑-住宅-改建-技术标准-上海 Ⅳ.①TU241.7-65

中国国家版本馆 CIP 数据核字(2023)第 042493 号

多层住宅平屋面改坡屋面工程技术标准

上海市住宅修缮工程质量事务中心
上海市房地产科学研究院　　主编

责任编辑	朱　勇
助理编辑	王映晓
责任校对	徐春莲
封面设计	陈益平

出版发行　同济大学出版社　www.tongjipress.com.cn
　　　　　(地址:上海市四平路1239号　邮编:200092　电话:021-65985622)

经　　销	全国各地新华书店
印　　刷	浦江求真印务有限公司
开　　本	889mm×1194mm　1/32
印　　张	1.625
字　　数	44 000
版　　次	2023年3月第1版
印　　次	2023年3月第1次印刷
书　　号	ISBN 978-7-5765-0804-8
定　　价	20.00元

本书若有印装质量问题,请向本社发行部调换　　版权所有　侵权必究

上海市住房和城乡建设管理委员会文件

沪建标定〔2022〕78 号

上海市住房和城乡建设管理委员会关于批准 《多层住宅平屋面改坡屋面工程技术标准》 为上海市工程建设规范的通知

各有关单位：

　　由上海市住宅修缮工程质量事务中心和上海市房地产科学研究院主编的《多层住宅平屋面改坡屋面工程技术标准》，经我委审核，现批准为上海市工程建设规范，统一编号为 DG/TJ 08—023—2022，自 2022 年 7 月 1 日起实施。原《多层住宅平屋面改坡屋面工程技术规程》DG/TJ 08—023—2006 同时废止。

　　本标准由上海市住房和城乡建设管理委员会负责管理，上海市住宅修缮工程质量事务中心负责解释。

上海市住房和城乡建设管理委员会
2022 年 1 月 28 日

前 言

根据上海市住房和城乡建设管理委员会《关于印发〈2016年上海市工程建设规范编制计划〉的通知》(沪建管〔2015〕871号)的要求,由上海市住宅修缮工程质量事务中心、上海市房地产科学研究院会同有关单位进行广泛的调查研究,认真总结实践经验,在《多层住宅平屋面改坡屋面工程技术规程》DG/TJ 08—023—2006 的基础上,经广泛征求意见,进行了标准修订。

本标准的主要内容有:总则;术语;基本规定;材料;设计;施工;工程质量;竣工验收。

本次修订的主要内容包括:

1. 补充近年来上海市多层住宅平屋面改坡屋面工程中出现的新技术、新工艺。

2. 根据本市目前的工程实际情况,调整了部分规定及指标。

3. 补充完善了屋顶结构设计、屋面防水设计、排水系统设计等方面的要求,以提升项目的安全性和耐久性。

各单位及相关人员在执行本标准过程中,如有意见和建议,请反馈至上海市房屋管理局(地址:上海市世博村路 300 号;邮编:200125),上海市房地产科学研究院(地址:上海市复兴西路 193 号;邮编:200031;E-mail:fkyfgs193@163.com),上海市建筑建材业市场管理总站(地址:上海市小木桥路 683 号;邮编:200032;E-mail:shgcbz@163.com),以供今后修订时参考。

主 编 单 位:上海市住宅修缮工程质量事务中心
上海市房地产科学研究院

参 编 单 位:上海房科建筑设计有限公司
上海市房屋建筑设计院有限公司

上海建工四建集团有限公司
上海徐房建筑实业有限公司
上海汇成(集团)有限公司
上海新长宁(集团)有限公司
上海杨浦建筑装饰工程有限公司

主要起草人员：刘群星　林　华　陈伟东　何国平　潘　翔
张　习　王金前　王金强　倪旭军　柴亦萍
何春晖　刘圣凯　马俊杰　刘　勇　宗丹恒
刘　明　吴中辉　周　俊　马颖莹　刘震宇
潘建国　吴　涛　罗钰鑫　赵玉华　陈建福
龚美燕

主要审查人员：胡月华　余观湧　沈皎冬　蔡振华　张振亚
颜盾白　陶斌荣

上海市建筑建材业市场管理总站

目 次

1 总 则 ·· 1
2 术 语 ·· 2
3 基本规定 ··· 3
4 材 料 ·· 4
   4.1 一般规定 ·· 4
   4.2 屋面瓦 ··· 5
   4.3 防水材料 ·· 5
   4.4 木构件 ··· 6
5 设 计 ·· 7
   5.1 一般规定 ·· 7
   5.2 建 筑 ··· 7
   5.3 结 构 ··· 8
   5.4 其他构造 ·· 9
6 施 工 ·· 12
   6.1 一般规定 ·· 12
   6.2 结 构 ··· 13
   6.3 坡屋面 ··· 14
   6.4 安全文明施工 ·· 15
7 工程质量 ··· 17
   7.1 一般规定 ·· 17
   7.2 中间验收与验收批的划分 ·· 18
   7.3 质量要求 ·· 18
8 竣工验收 ··· 20

附录 A 上海市平改坡项目房屋实测明细表 …………… 22
本标准用词说明 ……………………………………… 23
引用标准名录 ………………………………………… 24
条文说明 ……………………………………………… 25

Contents

1 General provisions ································ 1
2 Terms ·· 2
3 Basic requirements ······························· 3
4 Materials ······································· 4
    4.1 General requirements ························ 4
    4.2 Roofing tile ······························· 5
    4.3 Waterproof ································ 5
    4.4 Timber components ························· 6
5 Design ··· 7
    5.1 General requirements ························ 7
    5.2 Architecture ······························ 7
    5.3 Structure ································· 8
    5.4 Other structures ··························· 9
6 Construction ···································· 12
    6.1 General requirements ······················· 12
    6.2 Structure ································ 13
    6.3 Pitched roof ······························ 14
    6.4 Safety methods ···························· 15
7 Construction quality ······························ 17
    7.1 General requirements ······················· 17
    7.2 Intermediate inspection and the division of inspection lots projects ······················· 18
    7.3 Quality requirements ······················· 18

8 Final acceptance 20
Appendix A   List of the measurement on building in roof
             renovation project 22
Explanation of wording in this standard 23
List of quoted standards 24
Explanation of provisions 25

1 总　则

1.0.1 为规范上海地区多层住宅平屋面改坡屋面工程(以下简称"平改坡工程")的设计、施工和质量要求,制定本标准。

1.0.2 本标准适用于高度在 24 m 以下的既有多层住宅的平改坡工程,其他既有多层建筑的平改坡工程和平改坡工程后的坡屋面修缮和改造工程在技术条件相同时可参照执行。

1.0.3 多层住宅平改坡工程除应符合本标准外,尚应符合国家、行业以及本市现行有关标准的规定。

2 术 语

2.0.1 平改坡工程 flat roof to pitched roof

对既有多层住宅建筑实施的平屋面改为坡屋面的改造工程。

2.0.2 卧梁 tie-beam

沿长度方向置于承重墙上的钢筋混凝土梁。

2.0.3 架空梁 beam

两端搁置在建筑承重墙、承重柱、卧梁上,其他部位架空的梁。

2.0.4 包檐 wall wrapping end of eave rafter

檐墙檐口上部砌筑压檐墙,将檐口包住的檐口形式。

2.0.5 挑檐 overhang

屋面在檐墙外挑出的部分。

2.0.6 硬山 flush gable roof

建筑山墙平于或者略高于屋顶的坡屋面形式,屋面的桁或檩封在两侧的山墙内。

2.0.7 悬山 overhanging gable roof

建筑屋顶在山墙部位对外悬挑的坡屋面形式,屋面的桁或檩伸出山墙以外。

3 基本规定

3.0.1 平改坡工程不应降低既有多层住宅的安全使用现状,并应符合以下要求:

    1 设计单位应收集原有住宅全套结构图纸,必要时包括结构计算书,并进行实地踏勘,观察原有住宅是否存在承重构件开裂和沉降不均匀等现象,经综合分析后,确定该住宅能否实施平改坡工程。

    2 对结构安全状况不确定的房屋,应委托具有资质的检测鉴定机构进行房屋检测。

    3 对存在安全隐患的房屋进行相应的加固修缮处理后,可实施平改坡工程。

3.0.2 平改坡工程实施前,应对原有住宅屋面进行检查,并根据检查结果进行相应处理,主要包括以下内容:

    1 对原屋面的完损状况和安全状况进行检查,排查危险点和安全隐患。

    2 对原屋面的防水层及落水口进行检查。

    3 对原屋面的防雷设施进行检查。

3.0.3 平改坡工程鼓励采用节能环保型新产品、新材料、新技术和新工艺,并且鼓励在保证生产安全和工程质量的前提下对原有房屋旧材料回收利用。

3.0.4 平改坡工程实施后,新产生的坡顶下空间不得堆物或另作他用。

4 材 料

4.1 一般规定

4.1.1 平改坡工程应按构造层次、环境条件、防水等级和功能要求选择屋面材料,材料应配置合理、安全可靠。

4.1.2 平改坡工程使用的材料应符合以下规定:

 1 材料的规格、性能等应符合国家相关产品标准和设计规定,满足屋面设计使用年限的要求,并应提供产品质量保证书、使用说明书、检测报告等质量证明资料。

 2 设计文件应标明材料的名称、规格及其主要技术性能(或产品标准)。

 3 材料应考虑居住环境的影响,不应使用有挥发性或刺激性的材料,宜采用节能环保型材料。

 4 材料进场后,应按规定实施见证取样送检,送有检测资质的检测机构进行检测,检测合格后方可使用。

 5 动用明火、电焊或加热的材料,除应按照相关管理规定执行外,尚应符合设计规定的耐火等级要求。

 6 配套材料或辅助材料宜采用与主要材料同一生产企业的配套产品。

 7 材料宜储存在阴凉、干燥、通风处,避免日晒、雨淋和受潮;易燃材料堆放应做好消防安全措施,严禁接近火源。

 8 严禁使用列入国家、本市禁限目录的材料。

4.2 屋面瓦

4.2.1 屋面瓦宜选用玻纤胎沥青瓦、合成树脂装饰瓦和波形沥青瓦等轻质瓦材。

4.2.2 玻纤胎沥青瓦的主要性能应符合现行国家标准《玻纤胎沥青瓦》GB/T 20474 的相关要求；合成树脂装饰瓦的主要性能应符合现行行业标准《合成树脂装饰瓦》JG/T 346 的相关要求；波形沥青瓦的主要性能应符合现行国家标准《坡屋面工程技术规范》GB 50693 的相关要求。

4.3 防水材料

4.3.1 平改坡工程防水材料宜选用塑性体改性沥青防水卷材（APP）、弹性体改性沥青防水卷材（SBS）、自粘聚合物改性沥青防水卷材、聚合物水泥防水涂料及聚合物乳液建筑防水涂料等防水材料。

4.3.2 塑性体改性沥青防水卷材的主要性能应符合现行国家标准《塑性体改性沥青防水卷材》GB 18243 的相关要求；弹性体改性沥青防水卷材的主要性能应符合现行国家标准《弹性体改性沥青防水卷材》GB 18242 的相关要求；自粘聚合物改性沥青防水卷材的主要性能应符合现行国家标准《自粘聚合物改性沥青防水卷材》GB 23441 的相关要求；聚合物水泥防水涂料的主要性能应符合现行国家标准《聚合物水泥防水涂料》GB/T 23445 的相关要求；聚合物乳液建筑防水涂料的主要性能应符合现行行业标准《建筑防水涂料用聚合物乳液》JC/T 1017 的相关要求。

4.3.3 平改坡工程防水材料的最小厚度应符合现行国家标准《坡屋面工程技术规范》GB 50693 的相关要求。

4.3.4 在外露环境中使用的防水材料应具有耐候性能或者有耐

候性保护措施。

4.4 木构件

4.4.1 平改坡工程使用的承重木结构用材的材质等级、含水率等应符合现行国家标准《木结构设计标准》GB 50005 的相关规定。

4.4.2 用作屋面板的木基结构板应符合现行国家标准《木结构覆板用胶合板》GB/T 22349 和现行行业标准《定向刨花板》LY/T 1580 的相关规定。

4.4.3 木屋面板厚度应经计算确定,并应符合国家、行业以及本市现行有关标准的规定。

4.4.4 木构件应采取有效的防水、防潮、防腐和防白蚁措施,保证结构和构件在设计使用年限内正常工作。

4.4.5 木结构的防火应符合现行国家标准《木结构设计标准》GB 50005 和《建筑设计防火规范》GB 50016 的相关规定。

5 设 计

5.1 一般规定

5.1.1 平改坡工程实施前,资料的收集应包括以下内容:
1 总平面图。
2 住宅平、立、剖面图。
3 屋面平面图。
4 楼、屋面结构平面图。

5.1.2 若原住宅涉及修改、变更情况的,应同时收集原住宅有关设计变更的资料。

5.1.3 对资料不全或无资料的住宅,应通过现场实测,并按本标准附录 A 填写相关内容作为平改坡工程设计的基础资料。

5.1.4 平改坡工程的施工图设计文件应包含以下主要内容:
1 建筑总说明。
2 结构总说明。
3 原住宅顶层平面图。
4 新增坡屋面平、立、剖面图。
5 结构梁布置图及详图。
6 钢结构平面布置图及详图。
7 节点详图。

5.2 建 筑

5.2.1 平改坡工程的坡屋面形式应考虑结构的安全性,并与周围环境和建筑风貌相协调,同时应按本市城市规划管理规定中有关日照和建筑退让间距的要求执行。坡屋面坡度不宜小于 21.8°（1∶2.5），不应大于 40°。

5.2.2 平改坡工程可采用四坡顶，或采用双坡顶。采用双坡顶时，山墙面处可采用硬山、悬山及其他屋面形式。

5.2.3 平改坡工程应根据原住宅和周围建筑风格，设置不同形式的屋面通风采光窗，同一小区或地块宜设置形式统一的屋面通风采光窗。

5.2.4 平改坡工程宜在相对的两个坡屋面上同时设置屋面通风采光窗，通风采光窗应采用防雨型通风百叶推拉窗，宽度不宜大于 2 200 mm。

5.3 结 构

5.3.1 平改坡工程的结构体系宜采用钢梁、钢柱组成的钢构架体系，新的结构体系应有清晰的传力途径与合理的传力点。改建后，建筑物竖向荷载宜基本不变，新增坡屋面应考虑水平风荷载的影响。

5.3.2 平改坡工程屋面上新增的结构体系设计应符合以下要求：

1 新增的结构体系应支承在原住宅的承重墙或承重柱上，不得将卧梁、架空梁或支承柱直接支承在原结构的梁、板、水箱等部位。

2 卧梁应支承在原住宅承重墙上，并与原结构可靠连接。

3 架空梁两端应搁置在承重墙、承重柱、卧梁上，除搁置点外，其他部位不得与原结构直接接触。

5.3.3 在原女儿墙上设置外挑钢筋混凝土天沟或钢天沟时，应符合以下要求：

1 当原女儿墙为一砖厚时，应有可靠拉结措施，防止倾覆。

2 当原女儿墙为半砖厚时，应采取拆除重做的做法。

5.3.4 在原有天沟圈梁上浇捣卧梁时,应在原有天沟圈梁上植筋。植筋与卧梁钢筋连接应符合钢筋混凝土结构有关构造要求。

5.3.5 新增山墙墙体材料应采用轻质砌体材料或钢结构填充轻质材料,并应与主体结构可靠拉结,不应采用实心黏土砖或混凝土砌块砌筑。

5.4 其他构造

5.4.1 平改坡屋面结构调整完成后,应对原平屋面及天沟的防水层予以修复。

5.4.2 原屋面防水设计应符合以下要求:

　　1 在出屋面管道井以及水箱等处应新铺设防水层,水箱下方新铺贴范围应为1仓。

　　2 外露阳台处应全部新铺设防水层。

　　3 最外侧圈梁内侧平屋面上新铺贴的范围应为1 500 mm～2 000 mm。

5.4.3 新做坡屋面上人孔的天窗与坡屋面交接处应做好防水处理。

5.4.4 平改坡工程应保留原有平屋面的排水系统。如原屋面排水系统出水不畅、屋面有积水,应采取增加落水管、疏通排水口等措施。坡屋面的排水系统宜采用外天沟排水形式。

5.4.5 在原有屋面上浇捣卧梁时,应在每一封闭仓的标高最低处设置矩形泄水孔,泄水孔高度宜为50 mm～60 mm。

5.4.6 天沟设计应符合以下要求:

　　1 对原为挑檐的多层住宅,宜保留原有挑檐;对原为包檐的多层住宅,宜增设外天沟挑檐。

　　2 增设的外天沟挑檐宜采用90°直角形式,檐口顶标高应比卧梁上口标高低20 mm～30 mm。

　　3 原有天沟外檐口高度未能满足要求的,应对天沟外檐口改造加高,同时确保天沟外边低于卧梁顶。

  4 原有天沟外檐口高度或宽度不满足要求,且不具备改造条件时,平改坡工程应新做外天沟挑檐。

5.4.7 平改坡工程宜对水箱进行改造,水箱溢水、泄水应通过可靠衔接接入屋面排水系统。

5.4.8 屋面水箱应设置维修、养护通道。当水箱全部包在坡屋面内时,水箱检修口上方的净空高度不得小于800 mm。

5.4.9 水箱的溢水管和泄水管应接至外天沟或接进原有屋面排水系统。

5.4.10 当采用水箱外露方式时,水箱与坡屋面交界处应做好防水处理,泛水高度不应小于250 mm。

5.4.11 原屋面透气管宜伸出坡屋面。出坡屋面高度和防水处理应符合国家、行业以及本市现行有关标准的规定,出坡屋面透气管附近应设检修孔。当原屋面透气管上部空间高度大于1 200 mm时,可不增设出坡屋面透气管。

5.4.12 厨房的排烟道应采用满足防火等级的轻质材料伸出坡屋面,出屋面高度应符合国家、行业以及本市现行有关标准的规定,烟道与屋面交接处应做好防水处理。

5.4.13 原内天井住宅的平改坡工程处理应符合以下规定:

  1 内天井贴邻起居室、卧室的,应采用坡屋面做法,同时做好屋面排水。

  2 内天井贴邻厨房、卫生间的,可采用坡屋面做法或内天井壁作垂直延伸处理,内天井垂直围护结构应采用轻质材料封闭,围护结构的四周应设置通风窗,坡屋面和围护结构交接处应做好防水处理。

  3 内天井应在原有屋面标高处增设水平安全防护网,安全防护网宜采用不锈钢材质。

5.4.14 坡屋面的屋脊四周均应设置避雷带。若原住宅有避雷装置,新增避雷带应与原住宅避雷系统可靠焊接;若原住宅无避雷装置,应按现行国家标准《建筑物防雷设计规范》GB 50057 的相关要求另设避雷接地极。

5.4.15 防雷引下线应沿建筑物四周均匀或对称布置,且不应少于 2 根,其间距应符合现行国家标准《建筑物防雷设计规范》GB 50057 的要求。

6 施 工

6.1 一般规定

6.1.1 平改坡工程的施工应根据查勘设计资料编制施工组织方案,体现安全、绿色、环保理念。

6.1.2 施工前,施工单位应经过图纸会审和设计交底,掌握施工中的细部构造及有关技术要求,编制施工方案及相关技术措施。

6.1.3 施工中,施工单位若发现房屋现状与查勘设计文件不符,或发现异常情况时,应及时通知实施单位和查勘设计单位,经会商处理后方可进行后续施工。

6.1.4 平改坡工程中的钢管脚手架搭设应按现行行业标准《建筑施工扣件式钢管脚手架安全技术规范》JGJ 130 执行。

6.1.5 拆除、清理完原有屋面的隔热板等杂物后,应对原屋面进行检查、复核,并做好屋面完损情况记录。

6.1.6 平改坡工程施工中拆除的各种材料,应及时整理、清运,不得堆积于屋面上和脚手架上。

6.1.7 原屋面隔热板及垃圾的清运应符合以下要求:

　　1 原屋面隔热板应安全运送至地面,不得将隔热板在屋面上敲碎后运送。

　　2 原屋面垃圾应装在垃圾袋或其他容器中运送至地面。

　　3 屋面清理干净后,防水层如有损坏应及时修补。

　　4 原有屋面的落水管排水口和透气管在施工中应加以保护,防止建筑垃圾堵塞管道。

6.2 结 构

6.2.1 弹线和植筋应符合以下要求：

1 植筋前应根据设计要求弹线。弹线前应精确复核原住宅的承重墙位置，如实际情况与设计不符，应及时通知实施单位和查勘设计单位，经会商处理后方可进行后续施工。

2 屋面弹线完成后，应经现场监理复核验收后再实施植筋作业。

3 植筋应根据设计要求施工，钻孔后应用气筒或空压机吹净尘屑，孔洞内应保持干燥。

4 植筋完成后应做拉拔试验。

6.2.2 钢筋混凝土支模应符合以下要求：

1 支模时不得损坏原有屋面防水层。

2 卧梁支模时应预留泄水孔位置。

6.2.3 钢筋混凝土拆模应符合以下要求：

1 拆模时不得损坏原有屋面防水层。

2 女儿墙上的现浇天沟承重模板应在混凝土达到设计强度的75％和完成可靠拉接后方可拆除。

6.2.4 屋面钢结构工程的施工应符合现行国家标准《钢结构工程施工规范》GB 50755 的相关规定。

6.2.5 钢结构安装应符合以下要求：

1 钢结构安装前，应按施工图、施工方案及其下料单，清点数量，检查加工件的材质、规格和加工质量。严格控制基础部位与支承面的纵横轴线和标高，并清理作业面，基础顶面及支承面应保持洁净，严禁有杂物和污染。

2 钢结构连接焊缝表面不得有裂纹、夹渣、焊瘤、烧穿、弧坑、针状气孔和溶合性飞溅等缺陷存在。对气孔、咬边的控制应符合相关施工规范要求。焊接标准及焊缝厚度、长度应严格按设计要求施工。

3 安装时应防止焊接变形。

4 屋架安装过程中应设置临时支撑,屋架安装就位后应立即安装支撑、檩条。每榀屋架安装垫正完毕后,方可进行下一榀屋架的安装工作。当天安装的屋架应形成稳定的整体结构。

5 外露管材的端部应作封闭处理。

6.2.6 钢结构的油漆工程应符合以下要求:

1 钢构件应做好防锈防腐处理。

2 涂刷防锈底漆前,应对钢结构表面进行除锈清理。

3 钢结构的油漆应在构件制作安装完毕,经现场监理验收后方可进行,防锈防腐油漆采用一底二面的形式。

4 刷漆基层应无焊渣、焊疤、灰尘、油污等杂质。

5 不得误刷、漏刷,不得出现脱皮和返锈等现象。

6.3 坡屋面

6.3.1 坡屋面、屋面基层材料的铺设应严格按施工图施工。

6.3.2 当采用木质毛板铺设坡屋面基层时,内侧面应涂刷防火漆,毛板两边应直边后铺设,毛板拼接处应无空隙。

6.3.3 坡屋面木质毛板应在屋脊两侧对称铺设,逐段封闭,水平拼缝应每隔1 m宽度上下错开,不得拼接在同一檩条上。

6.3.4 当屋面坡度大于15%时,防水卷材应垂直于屋脊方向铺贴,且每幅卷材过脊不应少于200 mm。

6.3.5 防水卷材接缝应采用搭接缝,搭接宽度不应小于100 mm,同一层相邻两幅卷材短边搭接缝错开不应小于500 mm,垂直屋脊的搭接缝应顺主导风向搭接。铺贴卷材前应先做好出坡屋面的管口节点的防水处理。

6.3.6 瓦片铺设应对齐平整,对屋脊、檐沟、迎风坡面、天沟和管根部位采用满粘的方式处理。

6.3.7 玻纤胎沥青瓦面的阴角宜采用槽式安装或编织式安装，脊瓦应采用标准型瓦片。

6.3.8 坡屋面通风采光窗应符合以下要求：

  1 坡屋面宜采用塑钢通风采光窗。

  2 塑钢窗与型钢的连接宜采用自攻螺丝。

  3 窗框与洞口的间隙应填嵌密实。

  4 在塑钢窗上安装五金配件时，应先钻孔，后拧螺丝，不得将螺丝锤击打入。

6.4 安全文明施工

6.4.1 平改坡工程施工时应做好安全防护工作。

6.4.2 为消除安全隐患，防止事故发生，应事先编制安全施工专项方案，落实安全生产预防措施。施工现场应建立应急预案组织机构以及通信网络和设备器材、运输工具的配置，并配备抢险器材和人员。

6.4.3 安全设施、设备、防护用品应符合安全要求，现场施工的安全管理应实行全过程控制。

6.4.4 平改坡工程施工过程消防安全方面应符合以下要求：

  1 脚手架上按规定配备灭火器。

  2 现场动用明火前应申请动火证。在动用明火时，附近应准备好灭火器，并有专人做好监护。

  3 气割作业场所应清除易燃物品，氧气、乙炔应与明火处保持安全距离。

6.4.5 垂直运输设施应符合以下要求：

  1 垂直运输设施底部应设混凝土基座，下部设置进料口，靠近建筑物的侧壁上设有出料口，侧壁上应安装防护网，进料口上方应搭设防护棚。

  2 垂直运输设施应设置扶墙杆，与建筑物采用刚性连接，确保架体稳定。

  3 垂直运输设施进料口处应安装防护门,不使用时应立即上锁关闭。应在进料口上方离地 3 800 mm 高度处搭设双层防护棚,进深不小于 1 000 mm。

  4 钢结构的垂直运输设施应设防雷接地设施。

  5 垂直运输设施升降设备应有专人操作。

6.4.6 临街及建筑主要出入口搭设的脚手架,外侧应设置防止坠物伤人的防护措施,确保道路行人的公共安全。

7 工程质量

7.1 一般规定

7.1.1 施工单位应建立健全质量保证体系,编制完善的工程质量控制和检验、验收制度,提供完整的施工过程、材料检验及阶段性验收证明等文字、影像资料。

7.1.2 根据相关管理规定,各工种施工人员和质量检验人员应具有相应的资质和证书。

7.1.3 施工单位应按规定对进场材料进行检验、取样复试,出具合格报告,不得使用不合格材料。

7.1.4 对涉及结构安全和使用功能的试块、试件以及有关材料、成品、半成品、构配件等,应按国家、行业和本市现行有关标准要求进行见证取样检测,并由具有相应资质的检测机构或单位出具见证取样报告。

7.1.5 平改坡工程施工质量应达到设计要求和相关施工质量验收规范的规定。

7.1.6 各施工工序应按相关标准进行质量控制,每道施工工序完成后,经监理验收合格,方可进行下道工序施工。下道工序或相邻工程施工时,对已完成的部分应采取保护措施。

7.1.7 各专业工种之间的相关工序应进行交接检验,并应做好记录。除专职质量员检验外,还应由监理、实施单位复查检验结果,并形成记录。对于隐蔽工程验收,施工单位应在自检合格后,通知监理或实施单位进行验收,并形成记录。

7.2 中间验收与验收批的划分

7.2.1 平改坡工程的中间验收应在混凝土和钢屋架结构完成后、基层屋面板铺设前进行,中间验收时应同步验收原平屋面防水层的修复质量。

7.2.2 平改坡工程的施工过程应按施工工序划分,分项进行工序工程质量检验。

7.2.3 平改坡工程的检验批划分可按专业划分,空间上按幢划分。

7.2.4 平改坡工程质量竣工验收可按专业划分,分项进行验收。

7.2.5 平改坡工程质量主要分项工序可划分为钢筋绑扎、模板、混凝土、钢结构、木屋面板、防水层、屋面层及避雷设施等工序。

7.3 质量要求

7.3.1 平改坡工程施工过程中应设置沉降观察点,并做好观察记录和备案归档。

7.3.2 平改坡工程屋面结构施工采用植筋工艺的,应按现行国家标准《混凝土结构加固设计规范》GB 50367的要求进行拉拔试验。

7.3.3 屋面混凝土卧梁施工时,应进行模板测量定位技术复核,钢筋、预埋件隐蔽验收。钢筋应有合格证明书及现场抽检复试报告,混凝土应有强度试块报告。

7.3.4 钢结构的安装、连接、焊接质量应达到设计和相关标准的要求。

7.3.5 屋面钢架所采用的钢材、焊条、螺栓、预埋件等应具有质量证明书和检验报告。

7.3.6 钢结构刷漆涂装前,应对焊缝进行隐蔽验收,并做好记录。

7.3.7 坡屋面屋架焊接完成后,应对原屋面的防水层进行全面检查,如有损坏应及时修复,经监理验收合格后,方可进行下道工序施工。

7.3.8 坡屋面防水层与面层的质量应符合以下要求:

  1 屋面卷材铺贴方法和搭接顺序应符合设计要求,搭接宽度应正确,接缝严密,不得皱折、鼓泡和翘边。

  2 铺贴卷材前应做好出坡屋面的管口节点的防水处理。

7.3.9 屋面避雷设施等施工应符合设计和相关标准的要求。

8 竣工验收

8.0.1 平改坡工程应按现行上海市工程建设规范《住宅修缮工程施工质量验收规程》DG/TJ 08—2261 的相关规定执行。

8.0.2 施工单位按图完成所有施工内容后,对其施工质量进行验收自评,自评合格后报监理单位复验。竣工验收之前,监理单位应出具工程监理质量评估报告。

8.0.3 平改坡工程竣工后,应由实施单位组织设计、施工、监理等相关单位参与验收。验收合格后,由实施单位建立完整的工程档案并归档。

8.0.4 平改坡工程竣工验收时,应具备以下文件:

 1 验收自评、复评表。

 2 安全质量技术资料自查复验表。

 3 移交协议及保修合同。

 4 竣工综合验收表。

 5 工程监理质量评估报告。

 6 其他必要文件。

8.0.5 平改坡工程竣工验收合格应符合以下规定:

 1 平改坡工程的质量应验收合格。

 2 质量控制资料应完整。

 3 安全及功能检验和抽样检测结果应符合有关规定。

 4 观感质量验收应符合要求。

8.0.6 平改坡竣工验收后,竣工档案应具备以下文件:

 1 工程竣工图、图纸会审纪要、设计变更和技术核定单。

 2 主要材料的质量证明文件、进场验收记录和进场复试报告。

3 涉及结构安全的混凝土试块检验报告。
4 隐蔽工程检查和验收资料。
5 分部分项质量验收记录。
6 竣工验收评定结果。
7 施工小结。
8 竣工报告。

附录 A 上海市平改坡项目房屋实测明细表

表 A 上海市平改坡项目房屋实测明细表

区	地址										
结构形式	砖混	框架	地下室	幢数	层数	架空隔热板	建造年代	水箱高度	水箱底离屋面高度	水箱总高度	屋面搭建和异物
	底框	底框层数	变形缝	加层	屋面形式	松散保温材料	高低层面高差	檐口	挑檐	女儿墙高度	裂缝和变形现象
				加层年代			天沟环通否		包檐	厚度	女儿墙上口高差

图纸：

平面图上需标注的内容	1. 外包总尺寸和轴线尺寸 2. 顶层结构的纵横向承重墙位置 3. 楼梯间位置 4. 内天井位置 5. 水箱位置 6. 阳台位置 7. 双墙变形缝位置 8. 纵横向承重墙的厚度 9. 屋面上人孔位置 10. 屋面水箱检修孔位置 11. 阳台和走廊有悬挑长度 12. 指北针 13. 说明原房屋避雷带设置情况	
	制表	
	日期	

— 22 —

本标准用词说明

1 为便于在执行本标准条文时区别对待,对要求严格程度不同的用词说明如下:
  1) 表示很严格,非这样做不可的用词:
     正面词采用"必须";
     反面词采用"严禁"。
  2) 表示严格,在正常情况下均应这样做的用词:
     正面词采用"应";
     反面词采用"不应"或"不得"。
  3) 表示允许稍有选择,在条件许可时首先应这样做的用词:
     正面词采用"宜";
     反面词采用"不宜"。
  4) 表示有选择,在一定条件下可以这样做的用词,采用"可"。

2 条文中指明应按其他有关标准执行的写法为"应符合……的规定(或要求)"或"应按……执行"。

引用标准名录

1 《木结构设计标准》GB 50005
2 《建筑设计防火规范》GB 50016
3 《建筑物防雷设计规范》GB 50057
4 《混凝土结构加固设计规范》GB 50367
5 《坡屋面工程技术规范》GB 50693
6 《钢结构工程施工规范》GB 50755
7 《玻纤胎沥青瓦》GB/T 20474
8 《弹性体改性沥青防水卷材》GB 18242
9 《塑性体改性沥青防水卷材》GB 18243
10 《木结构覆板用胶合板》GB/T 22349
11 《自粘聚合物改性沥青防水卷材》GB 23441
12 《聚合物水泥防水涂料》GB/T 23445
13 《建筑施工扣件式钢管脚手架安全技术规范》JGJ 130
14 《合成树脂装饰瓦》JG/T 346
15 《建筑防水涂料用聚合物乳液》JC/T 1017
16 《定向刨花板》LY/T 1580
17 《住宅修缮工程施工质量验收规程》DG/TJ 08—2261

上海市工程建设规范

多层住宅平屋面改坡屋面工程技术标准

DG/TJ 08—023—2022
J 10817—2022

条文说明

2023　上海

目　次

1 总　则 …………………………………………………… 29
3 基本规定 ………………………………………………… 30
4 材　料 …………………………………………………… 31
　4.1 一般规定 …………………………………………… 31
　4.2 屋面瓦 ……………………………………………… 31
　4.3 防水材料 …………………………………………… 32
　4.4 木构件 ……………………………………………… 32
5 设　计 …………………………………………………… 33
　5.1 一般规定 …………………………………………… 33
　5.2 建　筑 ……………………………………………… 33
　5.3 结　构 ……………………………………………… 34
　5.4 其他构造 …………………………………………… 34
6 施　工 …………………………………………………… 36
　6.1 一般规定 …………………………………………… 36
　6.2 结　构 ……………………………………………… 36
　6.3 坡屋面 ……………………………………………… 37
7 工程质量 ………………………………………………… 38
　7.1 一般规定 …………………………………………… 38
　7.2 中间验收与验收批的划分 ………………………… 38
　7.3 质量要求 …………………………………………… 38
8 竣工验收 ………………………………………………… 39

Contents

1 General provisions ·· 29
3 Basic requirements ·· 30
4 Materials ·· 31
   4.1 General requirements ···································· 31
   4.2 Roofing tile ··· 31
   4.3 Waterproof ·· 32
   4.4 Timber components ······································ 32
5 Design ·· 33
   5.1 General requirements ···································· 33
   5.2 Architecture ··· 33
   5.3 Structure ·· 34
   5.4 Other structures ··· 34
6 Construction ·· 36
   6.1 General requirements ···································· 36
   6.2 Structure ·· 36
   6.3 Pitched roof ·· 37
7 Construction quality ·· 38
   7.1 General requirements ···································· 38
   7.2 Intermediate inspection and the division of inspection lots projects ····································· 38
   7.3 Quality requirements ····································· 38
8 Final acceptance ··· 39

1 总　则

1.0.1 为了加强上海市平改坡工程的有序实施和管理,统一平改坡工程的操作标准、管理要求和安全措施,特编制本标准。

3 基本规定

3.0.1 由于建造年代、经济水平和规范控制的不同,原有住宅存在诸多不利因素,在平改坡施工前应注意以下几种情况:

1 底层为框架、上部为砖混结构的住宅,若屋面上有预制隔热板等荷载,应卸下荷载后实施平改坡工程。对屋面无隔热板等荷载可卸的住宅,应经结构复核后确定能否实施平改坡工程。

2 对已加层的多层住宅,必须经检测鉴定确定能否实施平改坡工程;对加层层数超过 2 层或加层后总层数超过 7 层的多层住宅,不应实施平改坡工程。

3 对全框架结构的多层住宅,应经结构复核确定能否实施平改坡工程。

4 对沿街多层住宅,若有破墙开店等改变原有住宅结构体系的,应经结构复核确定能否实施平改坡工程。

5 对下部为二层框架、上部为砖混结构的多层住宅,不应实施平改坡工程。

4 材 料

4.1 一般规定

4.1.1 平改坡工程由于在屋顶增加了荷载,且改造过程中,有居民居住,所以,在选择材料时,除了需要满足屋顶改造的美观、防水等功能外,还应考虑选用材料的自重、防火等因素。

4.1.2 平改坡工程使用的材料多属于结构性和功能性材料,因此,应严格要求材料质量。

1 平改坡是新做屋面,因此,使用材料的标准应满足现行国家规范的要求,并能够提供质量证明资料证明使用的材料满足现行国家、地方标准或设计规定的质量要求。

2 设计单位应在设计图纸或设计说明中,明确材料的使用部位、材料名称、规格型号、等级、产品标准或技术指标等内容,以便施工单位采购并使用相应的材料。

3 使用的材料如有挥发性或刺激性,会对居民身心健康和环境带来不利影响,故提倡使用节能环保型材料。

5 平改坡屋顶使用的木板、沥青瓦、防水卷材等材料属于易燃材料,若动用明火、电焊或加热,易致火灾事故,故一般情况下,平改坡工程不建议使用明火施工。

6 为了保证先后工序中使用材料的相容性,建议使用同一厂家生产的配套材料,防止出现材料质量问题时存在争议。

4.2 屋面瓦

4.2.1 屋面瓦的品种较多,考虑到平改坡工程在屋顶增加荷载,宜选用轻质瓦材。

4.3 防水材料

4.3.1 屋面工程使用的防水材料品种较多,对上海地区来说,只要能满足设计的防水等级要求,都可以使用。但近年来,由于热熔法施工带来的事故频发,应注意避免使用热熔法施工的材料。

4.4 木构件

4.4.4 上海市属于白蚁易危害地区,在平改坡工程使用木构件材料时,应根据国家和本市现行白蚁防治技术规程,由专业的白蚁防治单位作防白蚁处置。

5 设 计

5.1 一般规定

5.1.1 资料收集是平改坡工程中一项烦琐的工作。由于年代久远，原有住宅的资料遗失、内容不全，所需资料往往很难收集完整。收集资料工作的好坏直接影响平改坡工程的安全、质量、效果和工期，必须认真对待。

5.1.3 上海市平改坡项目房屋实测明细表是根据多年平改坡工程经验总结的，它较好地解决了资料缺陷给设计带来的一系列问题。此表只有在确实无法找到原始资料的前提下才可采用；有条件的，应收集原始资料，并核实后采用。

5.2 建 筑

5.2.1 平改坡工程要严格控制北坡的角度，建筑密集的市中心更须注意。考虑到屋面视觉效果，南侧坡屋面坡度可略大一些，水箱部位可局部起坡，角度根据地区的常规角度范围可作适当调整，但不宜过陡，尽量减少对相邻建筑采光、日照的影响。

5.2.2 平改坡工程由于以原有建筑为基础，推荐做四坡顶，该形式对日照和结构较有利。在日照和结构条件允许的情况下，也可考虑做其他屋面形式。另外，要特别注意上海地区原有东西向布置的多层住宅的平改坡工程的坡屋面处理形式。在南北山墙上如要增加硬山、悬山，应注意北侧住宅的日照。

5.2.3 设置屋面通风采光窗应达到三个功能：①解决屋面内通风采光问题；②解决上坡屋面的检修通道问题；③作为立面装饰，

丰富立面效果。

由于坡屋顶内有透气管存在,如无通风,积聚的污浊气体对坡顶会产生不利影响。另外,坡顶内若靠人工照明很不方便,坡屋面上若有损坏,也可通过屋面通风采光窗的路径,解决上屋面的检修问题。同时,屋面通风采光窗还可丰富建筑的立面效果,可借鉴海派石库门建筑上各种屋面通风采光窗的形式,使屋面通风采光窗成为平改坡工程的一个亮点。

5.2.4 实践证明,屋面通风采光窗如果采用平开窗,窗的开关难于管理,在风力作用下,平开窗很容易损坏,所以,窗扇宜采用百叶推拉窗形式。屋面通风采光窗的宽度设定主要考虑原有住宅楼梯间的宽度和结构与建筑的比例关系。

5.3 结 构

5.3.1 平改坡工程改建后,前后建筑物竖向荷载不宜产生显著变化;当变化较大时,应进行验算分析,并根据结果采取相应措施。

5.3.2 平改坡工程结构是以原承重墙为竖向受力构件的,原梁、板、水箱等部分均不应作为支承点。施工时,应对原承重墙精确定位,卧梁应设在承重墙之上,架空梁各支点下亦应为承重墙。

5.3.5 为了减轻平改坡工程(新增)荷载,应采用轻质材料,不得采用黏土砖或混凝土砌块。

5.4 其他构造

5.4.1 对原平屋面及天沟的防水层认真修复,做到不渗漏,对较容易发生漏水隐患的平屋面局部部位进行重点防水处理(重新铺贴防水层),比如外露阳台顶板、水箱底部及周边、最外缘圈梁内侧、出屋面管道的周边等,解决整体和局部的防水问题。

5.4.4 此条为平改坡工程中排水系统的一个设计原则。为解决新做坡屋面和原屋面发生排水意外而产生的积水，必须保持原有屋面排水系统的畅通。经调查，上海市既有多层住宅的渗漏点绝大部分集中在女儿墙内排水的阴角部位，要消除这些隐患，宜将原有排水形式改为外挑天沟外排水。

5.4.6 天沟设计应符合以下要求：

1 上海市多层住宅檐口大都为包檐和挑檐。平改坡工程保留原有挑檐，原有包檐改为外天沟挑檐，以解决原包檐阴角处容易渗漏水的问题。既有外天沟挑檐满足坡屋面排水要求的可予以保留，不再另外重新做外天沟挑檐。

2 此款规定是在吸取历年平改坡工程经验和教训基础上制定的。如果新增设的外天沟高于天沟梁上口，在暴雨或落水管排水不畅时，天沟内的积水会倒灌至原屋面上，造成新的渗漏水点。

3 对天沟外檐口改造加高时，应对混凝土增加植筋。

5.4.7 有直供水条件的建筑，平改坡工程可取消原屋面水箱。

5.4.11 当原屋面透气管上部空间高度大于 1 200 mm 时，考虑到气体排放的空间高度和坡屋面设置的屋面通风采光窗，污浊气体可在较短时间内排出坡屋面。若此类透气管也伸出坡屋面，会造成维修困难，故不再增设出坡屋面透气管，以使（新增）坡屋面更显完整美观。

5.4.12 对于近期建造的多层住宅，由于厨房均设有集中排烟管道，其出屋面部分应延伸至坡屋面外，但不一定采用垂直延伸，可根据实际情况转弯延伸至对结构、外立面效果影响最小的位置出屋面。管道必须用满足防火等级的轻质材料，管道转折也较方便。

5.4.13 此条规定了内天井的放坡做法，放坡坡度应平缓。围护结构四周应开设通风窗，加强坡屋面内的通风，避免气流倒灌。

5.4.14、5.4.15 屋面避雷施工应按现行国家标准《建筑物防雷工程施工与质量验收规范》GB 50601 的相应条款执行。

6 施 工

6.1 一般规定

6.1.7 原屋面防水保护层以上的部分都应清除干净。垃圾采用集中装袋或装在其他容器中有序地送至地面运走,严禁高空抛下。随后对防水层和保护层进行一次全面检查,如有损坏,应进行修补。做好排水口和透气管的防护措施,防止施工中建筑垃圾落入管道,引发管道堵塞。

6.2 结 构

6.2.1 植筋位置应采用弹线的方法进行定位,并经监理验收后方可进行植筋作业。植筋时,应将植筋孔内的浮灰吹干净,空洞深度应符合要求,并保持孔内干燥。植筋完成后,应根据现行行业标准《混凝土结构后锚固技术规程》JGJ 145 的要求进行拉拔试验,试验数据应符合规范要求。

6.2.2 在施工中应特别关注悬挑天沟的上排负弯矩钢筋不要下弯和位移。在浇筑挑檐或外挑天沟混凝土时,应保证悬挑结构的上排负弯矩钢筋位置准确,一旦发现下弯或变形,应及时矫正。

6.2.3 对悬挑结构的拆模应制作同条件养护试块,同条件养护试块达到拆模强度后方可拆模。

6.3 坡屋面

6.3.4,6.3.5 屋面防水卷材的铺设应按现行国家标准《坡屋面工程技术规范》GB 50693 的相应条款执行。

7 工程质量

本章所述平改坡工程质量,仅指施工质量,设计和使用的质量问题不属于本章讨论范畴。

7.1 一般规定

7.1.1 参与平改坡工程的施工单位应建立必要的质量责任制度,对施工质量的管理体系提出明确的要求。工程的质量应为全过程控制。施工单位应实行生产和合格的全过程质量控制。施工单位应有健全的生产和合格的质量控制管理体系。质量控制不仅指对原材料的控制,还包括施工操作控制、每道工序的质量检查、各道相关工序间的交接验收以及专业工种之间的中间交接环节等的质量管理和控制要求。

7.2 中间验收与验收批的划分

7.2.2 平改坡工程质量按主要工序分项排列,每分项的工程质量优劣都将直接影响工程的整体质量,为确保工程整体质量,必须抓好各分项工程质量。

7.3 质量要求

7.3.7 重点检查屋架钢结构焊缝的质量(长度、厚度等)。必要时,增加无损探伤检测,确保屋架结构的牢固可靠。

8 竣工验收

8.0.3 根据《关于进一步明确上海市住宅修缮工程项目移交接管及质量保修相关工作要求的通知》(沪住修缮〔2015〕26号)的要求,住宅修缮工程结束,在施工单位完成验收自评、监理单位完成复验评定后,实施单位应与业主或业主授权委托的物业公司(没有成立业主大会的,由居委会代为行使相关委托工作)签订《住宅修缮工程移交接管协议书》,明确移交、接管工作内容及各方职责。